多肉老桩
塑形出彩技艺

杨 帅 编著

海峡出版发行集团 | 福建科学技术出版社
THE STRAITS PUBLISHING & DISTRIBUTING GROUP | FUJIAN SCIENCE & TECHNOLOGY PUBLISHING HOUSE

图书在版编目（CIP）数据

多肉老桩塑形出彩技艺 / 杨帅编著.—福州：福建科学技术出版社，2020.1
ISBN 978-7-5335-5892-5

Ⅰ. ①多… Ⅱ. ①杨… Ⅲ. ①多浆植物－观赏园艺Ⅳ. ①S682.33

中国版本图书馆CIP数据核字（2019）第080727号

书　　名　多肉老桩塑形出彩技艺
编　　著　杨　帅
出版发行　福建科学技术出版社
社　　址　福州市东水路76号（邮编350001）
网　　址　www.fjstp.com
经　　销　福建新华发行（集团）有限责任公司
印　　刷　福州德安彩色印刷有限公司
开　　本　700毫米×1000毫米　1/16
印　　张　10
图　　文　160码
版　　次　2020年1月第1版
印　　次　2020年1月第1次印刷
书　　号　ISBN 978-7-5335-5892-5
定　　价　55.00元

前　言

多肉植物为自然界最为生动的植物精灵。与它们相伴，目睹它们一次又一次的蜕变，是一种快乐无比的享受。老桩的炼化是一个漫长的过程，而斑斓的色彩和独特的形态将给种植者带来一种独一无二的乐趣。它们用生命展现了奇特的风景。它们生于自然，也归于自然。我们用眼观察，用心感受，用手为它们做我们力所能及的一切，是一种幸福。

多肉植物本性顽强，它们来自全球不同气候和不同环境之地，所以各具特点，有着特定的基因，每一种、每一棵都可堪称独一无二。它们对于环境变化，会在短时间做出相应的反应。这使得同一个品种在不同气候、不同地区，以及采用不同养法时，呈现出不同的状态。

各类多肉植物特性不同，对环境的反应情况和承受环境的能力也不同，所以正确的养法永远都是依据品种、种植环境、多肉植物现状，为其选配合适的盆器，配制合适土壤，给予适宜的阳光和通风……营造一个让它最为舒适的种植环境。

不同地区、不同环境种植多肉植物，都会遇到各种各样的问题。因为除了原产地野生环境外，其他地方的环境都不会百分之百地完全适宜它们，因此人工种植必须竭尽所能为它们创造一个适宜的环境。

作为种植者，最重要的是深入了解它们特性，顺应它们的习性。一切过于极端的自以为是的强加，只会给这些植物带来灾难。只有了解它们，投其所好，才能欣赏到它们整个生命的美丽。

本书主要介绍多肉植物，重点是景天科多肉植物的老桩塑形出彩技艺。作者从两万多株老桩中挑选出了数百棵老桩，跟踪多年，拍摄记录了其成长、历练过程。书中叙述了多肉植物老桩基质配制、盆器搭配、上盆种植、形态塑造、修整护形、上色出彩、日常养护等内容。希望本书能为读者提供帮助。

作者

目　录

初识多肉老桩 - **1**

一、老桩部位 2
二、百态老桩 3
三、老桩初长成 6
四、心动不如行动 7

多肉老桩基质配制 - **11**

一、不可小觑的基质 12
二、基质种类 16
三、基质混配程序 18
四、基质混配案例 20

多肉老桩盆器搭配 - **23**

一、盆器——老桩之家 24
二、盆器种类 27
三、盆器与老桩形态搭配 28
四、盆器与老桩色彩搭配 34

多肉老桩上盆 41

一、盆器内基质结构 42
二、挺立型老桩上盆 46
三、悬崖型老桩上盆 49
四、捧花型老桩上盆 56
五、扇子型老桩上盆 58
六、拼盆老桩上盆 62
七、迷你型老桩上盆 66
八、服盆 68

多肉老桩塑形技艺 71

一、塑形永远在路上 72
二、挺立型老桩塑形技艺 74
三、悬崖型老桩塑形技艺 80
四、扇子型老桩塑形技艺 85
五、老桩造型矫正技艺 88

多肉老桩修剪技艺 95

一、修剪是老桩的必修课 96

二、叶冠修整技艺 98
三、花序修整技艺 102
四、枝干修剪技艺 106
五、老桩修剪案例 109

多肉老桩出彩技艺 113

一、老桩出彩有学问 114
二、基质促彩技艺 121
三、水分促彩技艺 124
四、温度促彩技艺 128

多肉老桩日常形色养护 133

一、美丽需要养护 134
二、老桩浇水 136
三、老桩保洁 139
四、基质、肥料补充 141
五、桩部养护 143
六、翻盆 144
七、老桩四季养护 148

初识多肉老桩

一、老桩部位

一棵老桩除盆内根系外，人们可见到的有叶冠（花冠、头冠）、桩部、侧枝（垂枝）、花序等部位。

· 老桩部位示解图

二、百态老桩

老桩是岁月的结晶，拥有如岩石般的苍老质地、千姿百态的桩形及美艳动人的叶冠。每一棵老桩都是由不同的生长环境、不同的种植方式及不同种植者所塑造的，融自然生态美感和园艺艺术美于一身，都是独一无二的。

· 老桩是岁月的杰作
（舞会红裙）

老桩既是生命体，亦是艺术品。它们源于自然，塑造它们的过程是历练的过程，也是考验种植者技术与艺术的过程。

· 老桩也是艺术品
（粉球美人）

多肉植物品种繁多，遍布全球。它们是植物界中特殊的一员，肥厚肉质的根、茎、叶由富含液体的薄壁细胞构成。有的种类叶片聚集顶端形似莲花，随着四季变化呈现不同的色泽和形态，并且永不凋谢。它们的枝条弯曲，可塑性强，施以园艺塑形技艺，能变成大小不一、形态各异的盆栽景观。有的迷你精巧，小巧玲珑，犹如明珠；有的千枝百冠，婀娜多姿，形似画卷；有的大气宏伟，典雅中透着霸气。

· 千姿百态的老桩
（仙女杯哈瑟伊）

· 迷你老桩

· 大型老桩

·中型老桩

三、老桩初长成

每一棵多肉老桩都经历了发芽、生长、成形、硬化等几个阶段，经过时光洗礼而最后长成。老桩基本为多肉植物的最终形态，其生长缓慢，对环境适应能力较强，生命力在植物界也是数一数二的。

·小老桩，大艺术（鸡蛋美人）

老桩的生长习性和其他阶段大致相同，绝大部分喜欢充足的阳光，适中的温度，良好的通风，以及恰当的湿度。在种植和养护方面，也需要运用得当的技巧，来维持它们的健康及优美的姿态。

·技术是老桩生长和美化不可或缺的手段（莎莎女王）

四、心动不如行动

一棵成熟的多肉植物走出室温，脱去营养杯之时，它的历练和蜕变便拉开了序幕。

一个全新盆器，一份精良的基质，辅以适宜的环境，加上精心的呵护，便会让它获得升华。历经日晒雨淋的洗礼，获得岁月的沉淀，加以精湛的人为塑形修饰技艺，最终它将褪去稚嫩，展现一个全新的成熟面貌。

• 从这里开始吧

· 稚气的初始状态

· 阳光、温度、湿度，一个都不能少

· 修整打理是必修课

· 美形丽色，交由时间来打磨

多肉老桩基质配制

一、不可小觑的基质

基质为植物的立身之本，其优劣直接影响植物生长。多肉植物的基质要根据多肉植物品种习性、种植环境和个人养护习惯综合决定。而老桩还需要考虑肥与贫、干与湿、酸与碱的平衡问题。

· 基质，是多肉植物的立身之本

· 基质良好，老桩生长状态较理想

对于老桩来说，过于肥沃的基质会导致生长速度过快，无法定形，甚至很有可能导致头重脚轻，枝干断裂；而过于贫瘠的基质，会导致老桩营养不良。来自不同产地的品种对基质的酸碱度偏好也会有所不同。如果配制了酸碱度不适宜的基质，很有可能导致其根系无法生长。所以肥与贫、酸与碱的平衡，需要针对多肉植物个体情况来进行调配。

· 混合基质

材质、颗粒大小不同的基质对水分的滞留和散发也有着非常大的影响。如环境较为干燥，则需要在配方中增加泥炭等基质，以加强保水性，防止老桩缺水枯萎；如环境潮湿，则需要增加颗粒基质来弱化保水性，以防止积水而引起腐烂和滋生病菌等各种问题。

· 良好基质种植出的良好根系

总之，根据环境条件和多肉植物的习性，为其配制合适的基质，才可以给心爱的多肉植物提供良好的生长保障，为塑造出色的艺术老桩打好基础。

二、基质种类

· 常见基质

多肉植物可用的基质种类很多，不同的基质有不同的特性。在选择基质的时候一定要非常深入了解其特性，才能搭配出适合自己种植环境、多肉习性和养护习惯的基质。

1. 粉化颗粒

该类基质均为质地较为轻脆或细小的颗粒，容易粉碎。在混合基质中，其主要功效是使土质松软，加强基质透气性，个别的种类还具有保暖、杀菌、防虫等功效。

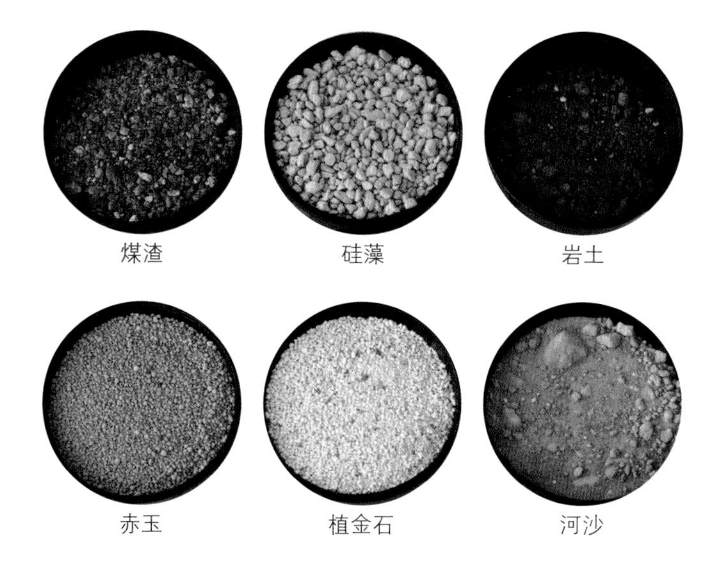
煤渣　硅藻　岩土

赤玉　植金石　河沙

· 常见粉化颗粒类

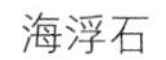

海浮石

麦饭石

黑火山石

红火山石

铜沙石

· 常见硬化颗粒

2. 硬化颗粒

该类基质均为质地较为坚硬的大颗粒。在混合基质中，其主要功效是改良基质结构，增强透气性。个别具有一些特殊的功效，如作为铺面石使用，使盆土整洁美观。

3. 有机植料

该类基质须经完全发酵。具有良好的保肥性和保水性，还含有较高的养分，为多肉植物混合基质中不可少的组分。

椰糠

泥炭

松鳞

· 常见植料

4. 肥料

严格来说，肥料不属基质，但肥料为多肉植物生长必不可少的成分，常配入基质中使用，故也成为基质的一个组分。在多肉植物生长过程中，也需要不间断进行补充。

有机肥料

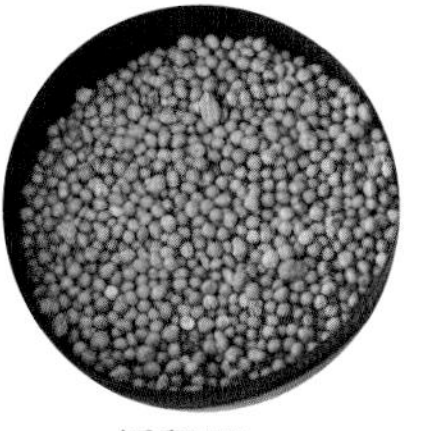

缓释肥

液体肥

· 常见肥料

三、基质混配程序

准备所需要的各类基质，先将其置于小盘中。准备一个较大的容器。建议使用圆形或方形容器，将材料分割清晰，以便控制比例。推荐放入顺序：腐殖土—粉化颗粒—硬化颗粒—肥料。所有基质依据比例放入容器后，最后再在表层均匀地铺撒一些消毒粉。加入少量的水（消毒剂也可以溶在水中）。水量刚好漫过土面后开始搅拌，让所有基质混合均匀。基质湿润时可以使用酸碱检测器或 pH 试纸来测试基质的酸碱度（常用中性，个别品种偏爱弱碱性）。

·备好容器，并按顺序放入各种基质

·撒入消毒粉

·加入适量的水

·搅拌均匀，并测试其酸碱度

四、基质混配案例

这里介绍3种常见的老桩混合基质。它们皆以有机植料为主体，另外两大类基质的比例依品种特性及环境条件而定。当然，这3种常见配制方案数据仅供参考，读者可依据实际情况予以调整。

·3种混合基质

·高粉化颗粒土

1. 高粉化颗粒土

配制比例：有机植料20%、粉化颗粒60%（山沙、河沙、赤玉等最为理想）、硬化颗粒18%、肥料2%。此配方适用于根系较为不发达的品种，如风车草属、厚叶草属和部分仙女杯属和银波属多肉植物；也适用于较为炎热或寒冷（为抵御低温，粉化颗粒可换成植金石）的种植环境。

这一配方容易使多肉植物颜色偏黄。

· 高硬化颗粒土

2. 高硬化颗粒土

配制比例：有机植料15%、粉化颗粒35%（硅藻、铜沙、赤玉较为理想）、硬化颗粒48%（火山岩、沸绿石较为理想）、肥料2%。此配方适用于根系较为发达的品种，如冬云属、拟石莲属多肉植物，部分中小型莲花掌类和仙女杯多肉植物；也适用于较为潮湿、炎热、雨水多的种植环境。该配方容易使多肉植物颜色变红。

· 高密度颗粒土

3. 高密度颗粒土

配制比例：有机植料20%、粉化颗粒40%（粉化岩土或煤渣最为理想）、硬化颗（小颗粒）38%、肥料2%。此配方适用于对养分、水分要求较高且根系较为发达的品种，如中大型羊绒类或大型景天科老桩，以及龙舌兰、芦荟等；也适用于气温较低、较湿的种植环境。这一配方容易让老桩快速扎根生长。

· 良好基质种出的老桩

多肉老桩盆器搭配

一、盆器——老桩之家

盆器对于老桩来说意义重大，因为多肉植物幼苗期只需考虑环境和空间的问题，而老桩还需要考虑造型、色彩及整体协调性等问题。

·盆器与老桩搭配良好

在盆器搭配方面，首先考虑的仍然是生长空间问题。因为多肉植物不是永生花，不能光考虑外观，尽量选择适合植物生长的盆器。

选择花盆时需要考虑两点，即盆器的容量和材质。盆器的大小决定了多肉植物根系的生长空间。对于根系较大的多肉植物而言，空间过于狭小容易导致根系无法舒展，时间久了容易僵根。盆器材质决定了盆器内腔的温度及湿度。陶盆容易散水散热，瓷盆因为带有一层釉面，不易散水散温。生态盆、石盆也有许多不同材质，例如火山石盆和海浮石盆气孔较多，特性与陶盆同样，而岩石盆密度较高，其特性与瓷盆类似。

• 好看，首先要长得好

·盆器大小与老桩搭配良好

·瓷器保水性好，适于少水的环境

瓷盆

二、盆器种类

陶盆，透气性较好，适用于高温潮湿的环境；瓷盆，保水保温效果较好，适用于气温暖和或冷凉、偏干燥的环境；石盆，保水性好，易产生良好盆体环境，生态感极强，适用于喜碱性环境的多肉植物。

陶盆　石盆

· 常用盆器种类

三、盆器与老桩形态搭配

盆器与老桩的搭配，美观方面，首先考虑形态问题，即两者的形状、大小搭配要协调。老桩生长缓慢，与盆器搭配良好，就可以长时间保持整体美观。

· 与盆器形态、大小搭配良好的老桩

1. 挺立型老桩配盆

挺立型老桩多见于莲花掌属、仙女杯属、风车草属、银波属多肉植物。其叶冠朝上，枝干直立，比较容易搭配盆器。此类老桩可搭配高为植株两倍、宽度小于植物冠幅的盆器。总的来说，挺立型老桩容易搭配盆器。

・挺立型老桩配盆

2. 悬崖型老桩配盆

悬崖型老桩通常在仙女杯属、厚叶草属、风车草属、莲花掌属等多肉植物中较为多见，为老桩中观赏性较高的一类。通常搭配花瓶类型的高盆，以悬垂长度达盆器的 2/3 为佳，植株宽度尽可能大于盆宽。如果盆器过宽或过高，会显得盆器喧宾夺主；过小，则容易导致植株垂至地面，不美观，或盆器重心不稳。

・悬崖型老桩配盆

3. 捧花型老桩配盆

捧花型老桩以石莲属中东云系和月影系多肉植物较为常见，看上去最具舒适感。因为品种特殊性，此类老桩不爱长枝条，而是周正地在主头周围均匀地长出侧芽，侧芽枝干不发达。因此，盆器一般选配矮宽的钵形，其高度不宜超过植株高度1倍，盆宽略小于植物宽度，效果最佳。

· 捧花型老桩配盆

4. 扇子型老桩配盆

扇子型老桩多为多肉老桩中的变异品种。“缀化”在多肉中很常见，其生长点因突变，导致群发畸变，多个生长点同时生长，以致其桩部会生长成扇子形或其他形状。此类造型的老桩适用各类高度适中、扁平的盆器，以植物宽度略大盆宽为佳。底部桩较为细的多肉可选择盆口较窄的盆器，以便固定老桩。

· 扇子型老桩配盆

5. 非常规配盆

以上为传统美学搭配方式，适用于各类种植爱好者。当然，在拥有足够的种植经验后可以尝试一些突破常理的搭配方式，也可搭配出具有夸张效果的佳作。

· 悬崖型老桩夸张造型

在做夸张比例的搭配时需要注意植物的生长空间、重力结构和比例的把握。例如：老桩的高度已经超过盆器高度的近两倍，并且植株倾斜，这样非常容易导致盆器倾倒或老桩折断等，所以需要用一些重力来平衡，可以选择较重的盆器或者在盆器底部添加石头、铁块等重物，来确保盆器的稳定性。植株在种植后会持续生长，所以如果想保持其造型，则需要下很多功夫，日常要做好修剪、塑形等工作。

• 挺立型老桩，与盆器高度比例夸张

如果要制作盆小桩大的老桩作品，那么一定要考虑植物的生长习性。过小的盆器会导致养分、水分供给不足，致使老桩枯萎，所以应尽量选用根系较为不发达、养分和水分需求不高的多肉品种。

悬空悬崖型造型是非常考验老桩枝干的一种造型方式，它是利用盆器口小、腔深的特点，让一部分桩埋于盆中，而枝干和叶冠完全悬空。因年迈老桩叶冠生长不会过于活跃，故可避免上盆后生长过程中因叶冠过重而断裂。

· 悬空悬崖型老桩要注意稳定

四、盆器与老桩色彩搭配

· 老桩与盆器色彩协调统一

1. 盆器与老桩色彩搭配形式

盆器除了要让植物舒适生长，且形态与老桩协调外，其颜色的选择也非常重要。一个好的盆器颜色可以让老桩整体看上去更舒适更协调。由于多肉植物大多会出现颜色变化，所以在搭配时也应当预留一些色泽空间。通常采用两种配色技巧：一是近色搭配，让老桩与盆器凸显整体化；二是反差色搭配，通过盆器颜色反差凸显植株的丰富色彩。

· 老桩与盆器反差色搭配

表 3-1　推荐盆器配色

老桩颜色	推荐盆器颜色
红色老桩	黑色、褐色、深色渐变、咖啡色
粉色老桩	淡蓝色、淡黄色、淡色渐变、白色渐变
绿色老桩	墨绿色、咖啡色、浅褐色、浅灰色
紫色老桩	黑色、褐色、深黄色
白色老桩	灰色、黑色、深蓝色、深紫色、多色渐变、褐色
黑色老桩	深褐色、深黄色、深灰色
黄色老桩	浅红、褐色、深绿色、咖啡色、灰色

· 老桩近色配盆或反差色配盆，各有其美

2. 红色老桩配盆

娜娜小沟在出状态时为红色，夏季为淡红或绿色，所以该种老桩适宜搭配褐色盆器，以凸显其艳丽的红色；而当它变为绿色的时候也能与盆色融为一体，呈现稳重之感。

· 红色老桩配盆

3. 粉紫色老桩配盆

雪精灵在出状态时为粉紫色，而在夏季容易呈现白绿色或浅灰色，搭配浅褐色盆器较为适中。这样盆器在整体感觉中不会喧宾夺主，与植株有鲜明的对比，凸显老桩色泽。

· 粉紫色老桩配盆

4. 多色老桩配盆

鸡蛋美人颜色多变，因不同季节和环境可呈现紫色、红色、粉白色、粉色、灰色等颜色，搭配浅蓝色或浅灰色的盆器比较协调，且不管植株变成哪种颜色，盆色都能与其融为一体，十分动人。

· 多色老桩配盆

5. 绿色老桩配盆

猫爪与熊童子为同属近亲，其特点是叶片肥圆毛绒，给人呆萌可爱的感觉。在不同的季节猫爪会变幻出浅绿、深绿、淡黄等色泽，且有红色“爪尖”点缀，所以选配深褐色或深灰色盆器可以产生明显的对比感，凸显其色泽，让它显得清新动人。

· 绿色老桩配盆

6. 锦化渐变色老桩配盆

银波属多肉植物大部分呈灰绿色、蓝绿色、紫绿色等颜色，但是如果出现“锦”的变异，则整体色泽便会呈现出多色渐变的状态。针对此特点，可以选择与其主色调相近色系的盆器，这样可以更加凸显“锦”的特殊斑色。

·锦化渐变色老桩配盆

7. 金色老桩配盆

蜡牡丹在不同季节会出现墨绿色、黄绿色、金黄色等不同色彩，所以适宜选配灰色为主的渐染色盆器，这种盆器与老桩多变的色彩较协调，且盆器上少量的色块点缀也能在蜡牡丹展现极致色彩的时候与其融为一体。

· 金色老桩配盆

多肉老桩上盆

一、盆器内基质结构

种植老桩是一件非常有趣的事情，从配土、选盆、上盆到造型，步步都是一种享受，同时也充满挑战。老桩种类繁多，造型各异，不同老桩在种植的时候会有不同的体验。上盆种植前做好所有准备工作，种植完慢慢等待多肉植物美丽蜕变。

·老桩种植后等待美丽蜕变

在种植老桩前，首先需要了解一下盆腔内部的基本构造，这是至关重要的。盆器大小不一，形态各异，一个老桩能不能安居于其中，并与其完全契合，盆器内部空间起决定性作用。

· 亮丽的老桩得益于盆器良好的内部空间

通过玻璃杯的模拟，我们可以观察到盆腔内部的构造，一般分为面石层、基质层和排水层 3 个部分。各部分各自发挥作用，给老桩提供一个良好的生长环境。底层的排水层可排去多余水分，防止积水烂根的情况发生；中层的基质层保证植株正常生长；上层面石层可以保护基质，防止基质在浇水时溅出，同时也使盆面更整洁美观。三层各自的厚度则需要根据盆器高矮和植物喜好而定。排水层可以使用透气的颗粒基质，基质层则是针对植物特性而配制的栽培基质，而面石层用有一定重量且透气的硬化石较为理想。

· 模拟盆器的玻璃杯（3 层）

对于通风不良、过于潮湿闷热的环境，则可以在基质周围加入第四层隔热层，以加强盆腔内部的透气散热性。隔热层可以使用铺面石或排水层材料。

• 模拟盆器的玻璃杯（4层）

二、挺立型老桩上盆

· 做好挺立型老桩上盆前准备工作

1. 做好植前准备

此挺立型老桩采用仿生态种植法，即在盆器搭配或配饰搭配方面，模仿其原生境种植。此种植方法针对具有特殊习性的品种。

本案例以仙女杯为例。该品种常见生长在沿海地带的岩石缝隙中，对土质和盆腔环境有着特殊的要求，其根部喜欢凉爽干燥。在种植前进行一次彻底的检查，摘取腐烂的叶片。枯萎的褐色叶片则可以先保留，以保护其枝干，利于服盆。

· 仙女杯

· 摘取病腐的叶片

2. 根部固定

针对该案例的特殊性，在种植时，可以先不往盆里填基质，而是选用岩石或钙化石先将其固定。石头最好具有一定的数量，将其根部全部卡稳，这样可以防止老桩因为头重脚轻而在搬运挪动时脱出，同时也可以给植物的根部营造一个良好的隔温、排水微环境。

· 用石子固定根部

3. 填入基质

按 1 ∶ 1 的空间比例放置石头和基质，即放置一层石头后，再填入一层基质，然后再放入石头……直至盆口。用碎石块铺盆面。

· 交替填入石头和基质

· 石头和基质填至盆口

· 撒上铺面石

4. 覆盖水苔

仙女杯属多肉植物与苔藓有共生关系，故将水苔覆盖在仙女杯没有枯叶保护的桩部上，使其枝干保持一定的湿度，并且可防止阳光过度照射而导致干部受损。

· 覆盖水苔

· 种植完成

仿生态种植法也可以用于其他科属的多肉植物上，但是在操作前一定要仔细研究其生态特点，配制所需要的生态素材，而不是一味地考虑造型美观，不然会导致植物生长不良，甚至死亡。

三、悬崖型老桩上盆

悬崖型老桩为所有老桩中种植难度较大的一种，种植时有许多需要注意的地方。首先，悬崖型老桩大多重心偏下，种完后发根前不稳固，所以在种植前要仔细检查，并整理根系，让其尽快生根服盆。其二，植株在种植前一定要进行适当的固定，不然在搬动时容易断裂。其三，在造型摆放方面一定要预先设想好，不然反复换盆种植也会损伤桩子。在操作过程中，由于盆器较大较重，老桩不好固定和种植，需要多人一起配合。

1. 做好准备工作

种植前准备好老桩及盆器，以及种植工具。

· 备好悬崖型老桩（舞会红裙）及盆器

2. 老桩根系整理

由于老桩要适应全新的基质及盆腔环境，所以在上盆前应使用镊子等工具将旧的基质清理干净。

旧基质清理干净后，接下来就是仔细检查植物根部是否健康，有无害虫或其他的问题。根为植物之本，根系的健康是非常重要的，直接影响老桩的存活状态。健康多肉的根数量多，且根结实健壮，并具有韧性。

对于多肉植物来说，上盆时保留的根系并非越长越多越好，因为植株的新根才具有更强的吸收能力。脱土后将多余的细根剪掉，长的粗根剪短。修根并不是盲目地乱剪一通，修多了会使多肉元气大伤，修少或不修会导致老桩上盆后生长缓慢。其修剪方法是：把根部舒展平摊，分列出所有的粗根，用剪刀将其主根上的细枝根全部剪除，留下一段粗根即可。修根完成后，需要晾置一至多日后再种植。

· 去除旧土

· 修剪老根（修剪前）

· 修剪老根（修剪后）

3. 老桩固定

悬崖型老桩，因为头重脚轻，枝条纵横交错，一不小心就会断裂，所以在种植前可以使用铝丝等其他辅助工具予以加固。枝条分叉处和叶冠下方的嫩桩容易断裂，这些部位需要重点加固。加固方式：可以使用弹簧式缠绕，也可以用一根铝丝顺着枝条捆绑。至于选用哪种方法，可根据枝干的粗细、柔软程度及整体造型来决定。

·用于固定的工具

·确定需要固定的地方

·用铝丝顺着枝条捆绑

4. 填上基质

依照顺序先填铺排水层（较高的盆器填入 1/3~1/2），接着填满基质层。基质层暂时先填入一部分，预留盆器的 1/4 左右的空间。

· 填上基质

5. 老桩上盆

将植株托起，让根系舒展，依据设想好的造型缓慢地放入盆中。大型悬崖型老桩，建议由两三人配合操作。

· 小心托起植株

· 小心将老桩根部放入盆内

根系入盆后一定要确保根系松散，并悬在未填土的空间里。如个别根在摆放过程中悬在盆外，一定要将其放入盆内。叶冠和枝干也需要暂时的固定，可以使用架子支持，也可以让他人配合操作。接着再填入基质，直至适宜的高度时停止。

· 放好位置

· 填入基质

6. 植后固定

由于悬崖型老桩在未服盆阶段根系还不稳定，为了防止在搬动或服盆期脱落，需要借助一些工具来对其进行再次固定。最简便的方法是使用一根铁线将其制作成U形卡针。卡针的弧度依据所固定枝条的粗细来决定：不能把枝条卡得太紧，以免枝条坏死；也不能太松，否则起不到固定的作用。在插入U形卡针时，最好稍将卡针往里压住插入，让U形卡针有一定外张弹性，使其周围的基质有一定张力，以更好地起到稳固的作用。卡针安置好后，在其周围放置一些有重量的小石块，以加强固定，也可以将其掩盖，让整体看上去更加美观。

· 用铁线制作U形卡针

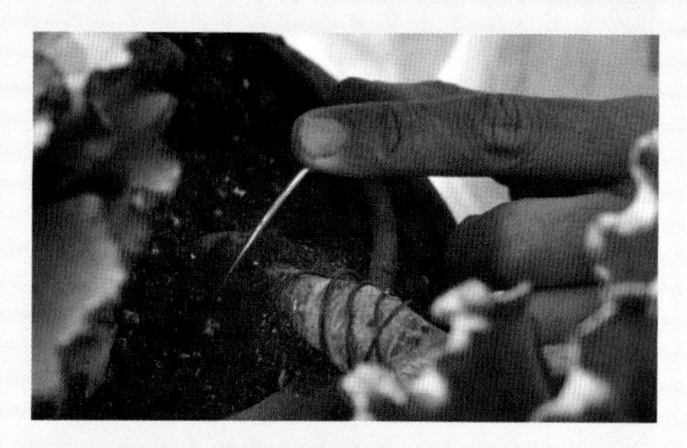

· 将U形卡针插入基质

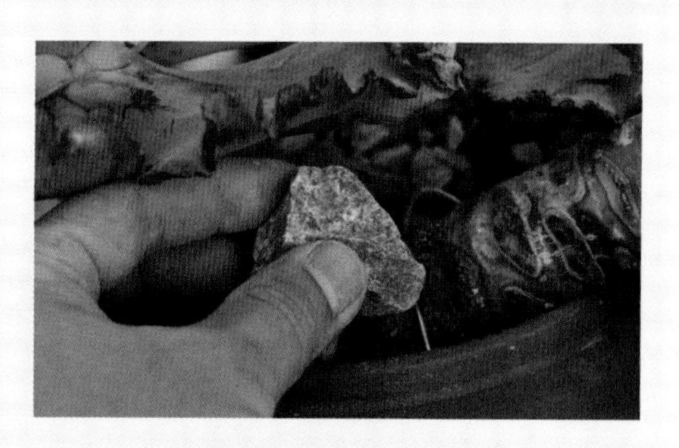

· 用小石块掩盖U形卡针

7. 铺面

在基质上铺撒一层具有一定重量的铺面石，这样可以压实基质，并可以防止浇水时冲散基质。

· 用石子铺面

· 清洗老桩

8. 清洗老桩

将老桩叶冠上沾染的污物清洗干净，但此时不建议浇灌。

9. 基质浇灌

在种植完成后的两三天予以浇灌，浇灌后不宜暴晒，放置在通风良好的阴凉处或温室棚内。

· 种植完成

四、捧花型老桩上盆

捧花型老桩是许多品种都会出现的一种桩型。此类老桩桩部较短，叶冠较为丰满，在上盆时和其他造型的老桩有所差异。

1. 做好准备工作

备好老桩（本案例用三色堇）和盆器，以及其他工具。捧花型老桩叶冠数量多且密集，在选配盆器和种植的时候要预留一定的空间，供老桩上盆后生长。

·捧花型老桩（三色堇）和盆器

2. 铺盆底

首先填充排水层，将其都铺撒成凹形，这样有助于更好地排水。铺撒基质层时填成一个凹坑形，以便种植。

·铺排水层

·铺基质层

3. 上盆

上盆时也需要和其他老桩一样用手或借助其他辅助工具，让其根系悬空。用土铲将基质缓慢填入。填入的基质会顺着先前填好的凹坑滑入盆中。

· 上盆时让根系悬空

· 填入基质

4. 铺盆面

基质填满后，将铺面石沿着盆器边缘填入。由于捧花型老桩叶冠数较多，要注意避开底部的叶冠，不要将其埋压，以免导致叶冠坏死。

· 铺盆面

· 种植完成

五、扇子型老桩上盆

扇子型老桩多为缀化老桩，造型多变奇特，在许多科属品种中都很常见。此类老桩在种植方面最要紧的是整体重力平衡的把控。

1. 做好准备工作

备好老桩和盆器。

· 备好扇子型老桩和盆器

2. 填基质

扇子型老桩通常选择密度较高的基质，这样容易生根稳根。将基质填至盆口。

· 填入基质

3. 植入老桩

扇子型老桩为侧望扁平、正望平展的造型，桩部下细上大，如果在种植的时候没能很好地找准重心点，那么植株在之后的生长期间非常容易失去平衡而倾斜，这样不但会破坏造型美观，还容易引起桩部折断变形等情况发生。摆放植株时，在中央掏一个凹坑，找到老桩重心点后，对准盆器放入（如根系较大，可以借鉴前几个案例的上盆填土方式）。在将植株放入盆器时也要注意前后的重心平衡。上盆后一定要前望、侧望，确保其重心点的准确性。重心点校准后不宜再移动老桩位置，但填土时可以将其左右摆动腾出空间来操作。

· 找到扇子型老桩重心点

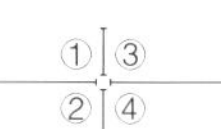

· 调整重心点，力求准确

· 确认重心点后填入基质

· 将老桩重心点对准盆中央放入

4. 盆面处理

基质填完后可以使用大小差不多的4块石头对其桩部下方进行对称垫压固定。在用石头固定时一定要反复调整重心点位置，确保最终老桩细长的桩部能站立在盆器正中央。为了确保扇子型的老桩稳固，铺面石可以全部选择较重较大的石子。如果遇到造型更为复杂的缀化老桩，则可以用铝丝固定的方法来操作。

·用4块石子固定老桩

·调整老桩位置，确保重心点到位

· 种植完成

六、拼盆老桩上盆

将许多散落的老桩拼凑在一起，成为一个组合盆栽，也是一个不错的选择。但是要注意品种的搭配，比如不能将生长习性差异太大的品种种植在一起，以免造成养护和管理困难。老桩拼盆种植，除了考虑生长习性以外，还需要讲究的就是造型问题。老桩拼盆是对种植者审美和想象力的考验，需要经过多次尝试，积累经验。实施前，可先在图纸上勾勒出造型，尽量不要操作中途返工，否则容易伤及老桩。以下以拼凑悬崖型造型为例，说明上盆技巧。

· 备好老桩

1. 老桩上盆

将基质分层填至盆口，然后种植整个造型中的“主桩”。依据拼凑老桩的长度，一次性将其种入盆中，并且加装稳定卡扣，以免老桩头重脚轻而导致脱落。中心主桩长度应当为最长，两侧依次向上缓慢变短，这样可以形成垂落形层次感。

· 种植主桩

· 种植附桩

· 调整整体层次

2. 盆面点缀

将短的老桩种植在盆面，以装饰盆面。

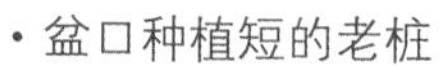

· 盆口种植短的老桩

· 加入基质

3. 定形加固

调整造型，使其达到最佳结构。操作时，注意固定。采用石块垫压老桩基部，效果不错。

· 造型调整

· 用石块固定老桩基部

· 添加老桩

悬崖型老桩可以种植为单面观赏造型，也可以种植为多面立体观赏造型。如果要多面观赏，则需要考虑整体 360° 观赏都无空缺感。因此，在种植过程中需要不断地转动老桩，随时考虑是否需要再加入一些老桩来填充。

4. 盆面铺石

当所有老桩种植完成后，要再次加固所有老桩的底部和冠部。选择较重的石子铺盆面。

· 用石子铺盆面

· 种植完成

七、迷你型老桩上盆

迷你型老桩上盆方法和大型老桩基本一样，但也有不同之处，主要是盆腔的结构和基质配制有所不同。

1. 做好准备工作

备好老桩和盆器，以及操作工具。

・备好迷你型老桩和盆器

2. 填入基质

迷你型老桩根系较细，所以基质应当选择较细的颗粒。小盆在受到光照时，容易导致温度过高，且较细基质水分不易散发，因此最好在盆壁周边制作隔热层。其操作方法是：将基质层的基质堆成土包，在土包周围铺上一圈铺面石，铺面石宽度约为盆宽的1/5~1/4。

・将选用的细颗粒基质填入盆

・盆壁周边制作隔热层

· 在盆中央挖个坑

3. 植入老桩

制作完盆腔结构后，在盆中央掏个土坑，注意土坑一定要大于植株根部大小。将植株放入盆中，再填入基质。最后在盆面填入足够厚的石子。

· 将植株放入

· 填满基质

· 撒上铺面石

· 种植完成

八、服盆

不管是大型还是中小型的老桩，种植后服盆都是一个关键时期。服盆分为两个阶段：第一阶段（消耗阶段），它消耗自身叶片贮藏营养来支持新根生长;第二阶段（生长阶段），在根系生长成形后，新叶长出，老叶渐渐枯萎。

· 老桩服盆第一阶段

· 老桩服盆第二阶段

在服盆之后，经过一段时间老桩的叶片全部替换，叶冠呈现全新的面貌，此为老桩的定形阶段。

・老桩服盆定形

老桩服盆后，生长会变得非常缓慢，其最大的变化就是桩部。稚嫩的桩部暴露，受到紫外线的照射，逐渐变色、变硬，同时叶冠的色泽也会越来越艳丽。

・定形的老桩

多肉老桩塑形技艺

一、塑形永远在路上

塑形几乎是每一棵老桩必经的历练，美丽永无止境，作为一个狂热的多肉老桩爱好者，需要不断地提升技艺和丰富经验，这样才能锻造出更好更完美的老桩。

老桩在服盆、生长过程中可能会由于各种原因导致造型出现问题。这时就需要人为干预，才能维持其良好的外观。这也是种植老桩的乐趣之一。

· 造型良好的悬崖型老桩

· 造型良好的挺立型老桩

塑造老桩时，须应用合适的方法，顺其自然生长规律，将其形状缓慢地予以塑造。切不可急于求成，也不宜超出老桩可塑的范围。

· 造型良好的扇子型老桩

二、挺立型老桩塑形技艺

1. 挺立型老桩常规塑形技艺

许多老桩在成形过程中，经常会因为叶冠太重，而枝条太软，而导致植株无法往我们预期的造型方向生长。如图所示艾斯美兰达，叶冠在生长季长得过大，未完全硬化的柔软枝条无法支撑，而导致本要塑成树冠造型的叶冠下垂，变得十分无神。出现这种状况，如果不采取有针对性措施，情况会越来越严重，很有可能会影响其健康，或在受到外力（如风力等）时断裂。即便枝条不断裂，一旦硬化，造型很难再矫正。

· 造型稍有倾斜的挺立型老桩

· 造型严重倾斜的挺立型老桩

最佳处理方法是：在主桩的位置，用石头或其他大小适中且有一定硬度的支撑物来支撑主桩，防止其继续变形。此外，也可使用塑形铝线将悬空松散的枝条进行收缩牵引。在操作时，捆绑点尽量靠近叶冠，这样可以最大限度改善重力问题。牵引除了要收拢枝干外，最好将叶冠立起朝上，这样可以使叶冠更好地接受阳光，朝正确的方向生长。牵引可以在多个点、多个枝条上进行，这样可以起到互相牵制的作用，让其产生平衡的力量，以达到很好的稳定效果。

· 用石块支撑老桩基部

· 用铝线捆扎牢固

· 用铝线牵引塑形（1）

· 用铝线牵引塑形（2）

经过处理，矫正了叶冠倾斜问题，桩部也有了良好的支撑。这为老桩形成有型的挺立树冠造型打下了良好的基础。

• 塑形完成

2. 挺立型老桩植前塑形技艺

如果老桩枝条过于稚嫩柔软，也可以在种植前进行塑形。操作方法是：准备两根铝线，一根粗一根细，用于制作支架。将粗铝线剪成比老桩枝条稍长的长度，并将末端弯曲成环形。再将细铝线剪成环绕茎部一圈稍长的长度，并将其穿入粗铝线环扣。然后将粗铝线带有环形的一端对着茎基部，并用穿好的细铝线捆绑固定。接着将粗铝线余下的部分贴附枝条，且每隔一段距离用细铝线予以捆绑。用此方法将每一根茎干都安装铝线支架，将余出的铝线全部拗向根系方向。

· 枝条较为柔软的老桩可予以植前塑形

· 准备一粗一细的两根铝线

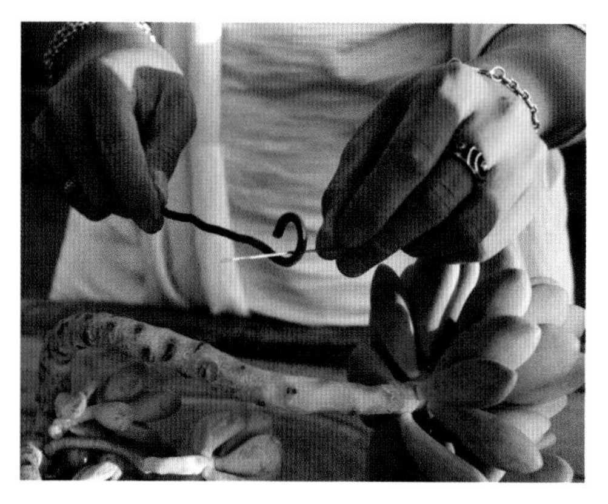

· 将粗铝线一端弯成环形，将细铝线穿过环

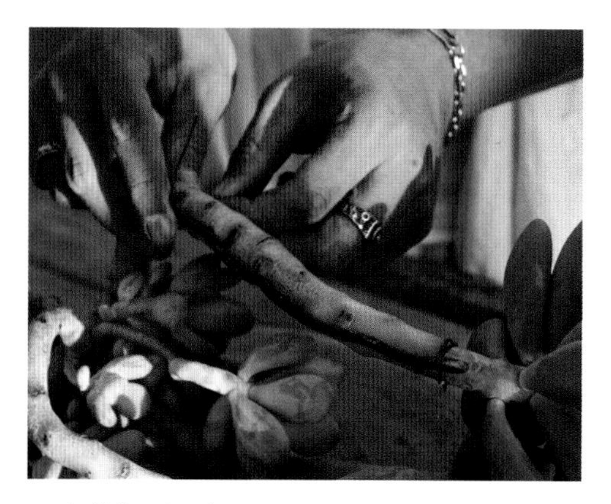

· 安装塑形支架

· 将粗铝线捆绑在枝条上

支架安装完成后便可进行种植了。种植的时候一定要注意将支架固定在老桩的外侧，以便以后拆除。种植完成后，因老桩枝条还未硬化，此时可摆动支架，对其进行造型调整。调整幅度需要依据茎部的柔软程度而定，不可超出极限，否则可能造成茎部断裂。

随着时间推移，老桩逐渐硬化，此时便可以将支架一一拆除。但在这期间要仔细地观察支架捆绑的松紧度，并予以适当的调节。太紧，会将老桩勒伤；太松，会使支架失去支撑作用，导致老桩变形等问题。

·种植带有支架的老桩

·调整造型

·调整至理想造型

·塑形完成

三、悬崖型老桩塑形技艺

悬崖型老桩在生长过程中，最常遇见的问题是叶冠过重、生长点下垂、枝条线条不够流畅等。如图所示桃之卵，上部主冠下落，导致盆口空缺，中下部叶冠生长点下移，虽然叶片丰满，但整体给人无精打采之感。

· 造型不佳的悬崖型老桩

· 将铝线对折

铝丝不仅可以用作牵引塑形，也可以作为支撑材料。将铝线弯曲对折，上部折成一个类似凹字形卡槽，而中部折成与上部呈垂直面的凹形的弹簧，整体折成一个具有弹力的衬架。小心地将主冠抬起，并拨开底部浓密的叶片，插入衬架。将主叶冠卡入支架的凹槽内，并稍做调整，让主冠立于盆口，填补盆面空间空缺处。而下部的枝条，可以用一根铝线制作一个挂钩，悬挂在盆口边缘。将其扭成枝条的形状，并用较细的铝线将其与枝条捆绑在一起。捆绑完成后，将铝线与枝条一并向上做轻微的弯曲，使叶冠生长点向上昂起。

· 将铝丝制成衬架

· 调整主冠位置

· 安置衬架

・将铝线挂钩，悬挂在盆口

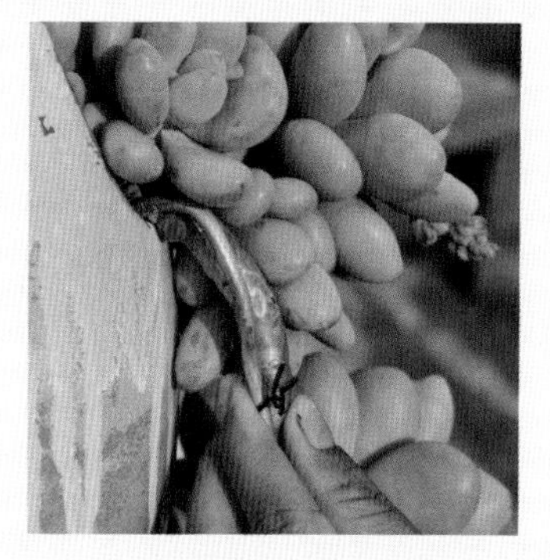

・将铝线顺着枝条扭曲

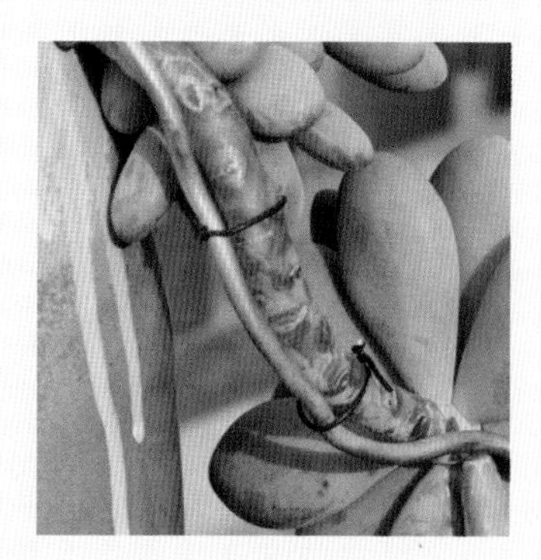

・将铝线和枝条捆绑在一起

・小心地将叶冠朝上托

主冠和侧面垂枝塑好形后，对于中部生长过于拥挤的侧芽，可以适当地摘取一些叶片，让叶冠有足够的生长空间。摘叶时一般从桩的底部往叶冠摘取，手法要轻柔，可以先轻轻地摇晃松动后再取下，切勿伤及其干部；不宜摘取过多，腾出一些空间即可。这样，这棵桃之卵的造型就得到了矫正，垂落的主冠上昂了，盆口空缺被填充了，侧枝条也由原先的外翻垂落而提至盆体中央，与耸立的主冠形成不同层次。叶片整理过后，其他小侧芽也可以很好地接受阳光，向上生长。总之，塑形之后，整个都给人焕然一新的感觉，为最终定形打下了良好的基础。

· 摘取叶片

· 将植株中部过密的叶片摘去一部分

·塑形完成

四、扇子型老桩塑形技艺

扇子型老桩，在造型方面是最容易出现各种问题的，因其株型扁平，叶冠又成直线排列，导致其重心容易偏。叶冠只要生长方向偏一边，植株便会倒向那边。在桩部倒塌的同时，裂开的伤口因为受到感染而腐烂，这些腐烂的枝条需要在塑形前先予以处理。其方法是：使用剪刀或刀片，顺着病腐组织的边缘切下，直至伤口呈现嫩绿色，然后涂抹消毒粉或伤口愈合剂便可。

待伤口干燥后，便可以对其进行塑形。首先将一根较粗的铝线弯曲成半圆形，固定在盆口上，作为塑形支架的主梁。再在主梁与盆器间绑上较细铝线分支（其数量依枝条数量而定），形成一个扇形。由于其植株呈扁平形的，所以不宜使用缠绕或分节捆绑的方式，而是用铝线制作一个双层的C形扣。用制作好的C形扣将枝条一根一根地扣在分支铝丝上，注意不要绷得太紧，以免扁平的桩部被勒坏。当所有枝条全部立起后，老桩便会呈现扇子形。随着时间推移，老桩逐渐硬化，可以将铝丝上的扣子慢慢加紧，将其弯曲的枝干拉直拉平。最终将叶冠和枝干都矫正成一条直线，塑形便完成了。其间枝条、叶等可以予以适当的修剪，这样看上去更加整洁舒适。这个过程也许非常漫长，但最终会给你惊喜。

· 已变形的扇子型老桩

· 检查老桩生长状况

· 修剪去病腐枝条，并涂上消毒粉

· 制作塑形支架主梁

· 沿主梁绑上铝线分支

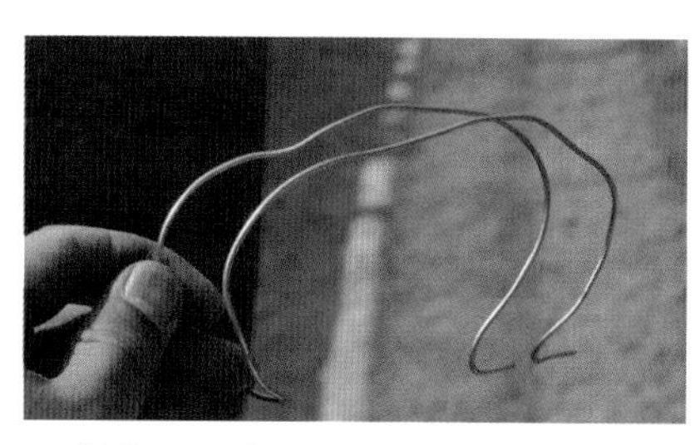

· 制作用于牵引的 C 形扣

· 捆绑牵引桩部

· 塑形基本完成

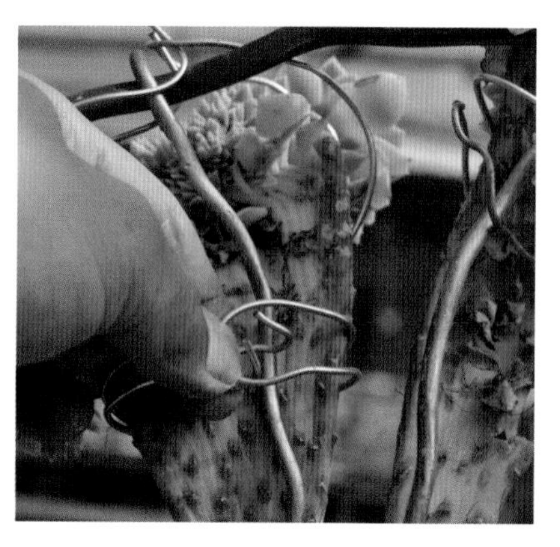

· 塑形后期调整

· 整体塑形完成

· 塑形后期调整完成

五、老桩造型矫正技艺

1. 挺立型老桩改造成悬崖型老桩

对于生长期容易东倒西歪的挺立型老桩来说，可以通过人为改造，将其塑造成悬崖型。其方法是：使用铝线缠绕一块重力适当的石头或物体，将铝线另一端弯曲成钩状，并将其钩在倾斜的老桩冠部下方。由于重力的作用，枝条最终会朝着地面方向生长，而叶冠会自然向阳生长，不会下垂。需要注意的是，石头重量必须把握好：过重，会导致枝条断裂；过轻，还未等塑形完成，桩部就已经硬化，起不了作用。

· 拟改造型的挺立型老桩

· 用铝线缠一大小合适的石块

· 将石块绑在冠部下方

· 一段时间后，即呈现悬崖型造型

2. 挺立型老桩造型矫正

如果想一直保持挺立型造型，则需要适量控制其水分和养分，并且经常摘除叶片，让其叶冠保持适当的重量。叶片一般在生长季节分次摘除，每次摘4~8片，不宜过量，以免损伤叶冠，影响整体生长。刚刚摘除完叶片的桩部较为鲜嫩，此时不宜暴晒或接触水分，不然容易导致枝干枯萎。待伤口结疤，茎部变为淡黄色后，才可恢复正常管理。如果叶冠较重，茎细长，已经下垂的老桩需要恢复直立的造型，可以借助铝线进行固定和修复。

· 摘除叶片，减轻叶冠重量

· 摘除叶片后的茎部

· 挺立型老桩

· 塑形完成

3. 已硬化悬崖型老桩造型矫正

造型已变形且枝条又硬化的老桩，也可以予以矫正。如图所示迷雾公主，因为过长时间没有打理，冠部已经完全坍塌，侧位枝条也垂落至地面。由于盆器口部过小，不适宜安置矫正架，所以只好将矫正架捆绑在盆器上。首先在盆器颈部缠绕一根较粗的铝线。以盆器颈部的铝线为支撑，制作一个弧形的支架，另从盆器颈部绑一根铝线至弧形支架的顶部，以固定住支架。然后使用较细的铝线将该老桩顶端塌落的枝条牵引立起。塌落地面的枝条也可用铝线进行捆绑牵引，让其离开地面。矫正架安置完成后，可以在适当的季节，减少日照，增加水分补给，让其枝条缓慢软化后，再对支架进行收紧，调节造型至完美。

因老桩的枝干已经硬化，所以矫正时间会较长。每次拉紧和调整支架时不宜过度，否则枝条容易断裂。大体的塑形完成后可以对其进行枝条及叶片的修剪，修去畸形枝条，以减轻叶冠的整体重量，防止再次变形。

· 已变形的老桩

· 在盆器颈部缠绕一根铝线

· 牵引老桩顶端塌落的枝条

· 塑形完成

· 塑形后修剪

多肉老桩修剪技艺

一、修剪是老桩的必修课

老桩的造型，除了选配合适的盆器加以塑形外，定期修剪也是必不可少的。它们自由生长，有些可能是有利于完善造型的，有些可能会破坏造型。当植株出现不良生长时，我们必须对其进行修剪，以保持优美的造型。在下手前必须仔细斟酌考量，各项操作是否适合老桩的状况。过度修剪不但没法纠正老桩的生长状况，还有可能损坏老桩，影响健康！

· 良好的老桩造型，不是一蹴而就的

· 老桩的状态，要靠日常养护

· 老桩日常修整

二、叶冠修整技艺

多肉植物的叶冠是由无数的叶片构成。在正常情况下，它们叶片应该大小一致，并且呈覆轮状排列。但是一些外在的刺激或是错误种植方式，会导致其生长变形。最常见的是，叶片变得大小不一，形状各异，叶冠看上去十分不整洁。对此，可选择性地将不规则的叶片摘除，让其重新生长。

· 叶冠需要修整的老桩（1）

· 叶冠需要修整的老桩（2）

叶片摘除须从叶冠最底部开始，由下往上，顺着叶片排列的层次进行。捏住叶片末端，轻轻摇晃即可取下。注意如叶片与桩子黏得太紧，不可硬拽，而要一手扶住叶冠，小心摘下；不然容易伤及桩部表皮而造成感染。叶片摘除不可过量，应保证每个叶冠有8~20片叶片，不然容易导致叶冠连同桩部枯萎。

· 摘除叶片

叶片修整完后，一定要将老桩放置在阴凉处7~15天，不宜暴晒或马上浇水。正常情况下再次生长出的新叶片会变得更加饱满和规整。如果长出的新叶依旧不规整，建议检查此老桩是否存在健康问题。经过一段时间的重新生长，被修整过的叶冠便会逐渐生长出均匀的叶片，焕发全新的光彩！

· 修整完成

• 经过修剪恢复后的老桩

三、花序修整技艺

对于多肉老桩来说，花季过后的花序残枝，如果不及时清理，会遮挡掉大量的阳光，使叶冠褪色，还占用老桩生长空间，使其造型变得凌乱。因此，花期结束后就可以清理花序，其方法是：拽住桩部结口处，轻轻晃动便可取下。处在盛开期的花序，则需要使用剪刀减除，以免伤及枝干和叶冠。在清理时，一定要注意区分花序与枝干，以免误伤植株桩部。花序通常不会有叶痕，而且色泽较为鲜嫩。

· 花序繁乱，需要修剪的老桩

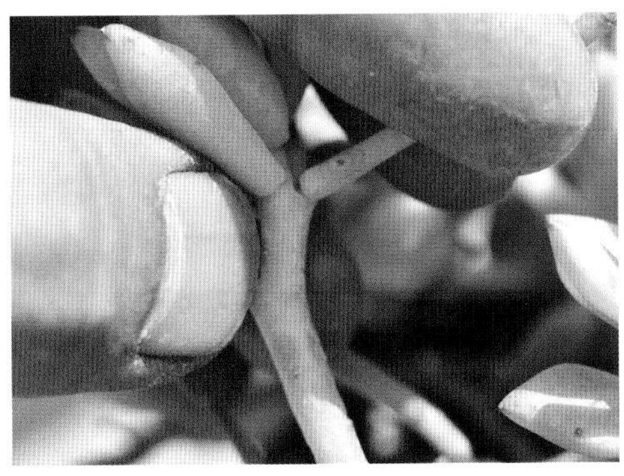
· 修整花序

· 认准花序

· 花序修剪完成

将花序修整完后，接下来就是整理整体造型。由于花序的挤压，可能造成老桩偏向生长。对此，应将交错的枝条缓慢解开抽出，摆放至盆口的空当处，让整体造型看上去更丰满。长期受到挤压的枝条会呈嫩绿色，并且非常凌乱，对此不必担心，将枝条均匀摆放即可。

·造型凌乱

·将枝条理出，摆放在空当处

·经整理，造型好多了

· 经过修整后开始上色

经过一段时间生长，叶冠会呈现出全新的艳丽色彩，枝条也会由嫩绿转变为深褐色，呈现老桩质感。此时，可以对其再进行一次造型整理，比如调整枝条分布和叶冠朝向等，这样可以让整体造型看上去更加整洁有序。

· 蜕变后的老桩

四、枝干修剪技艺

除了修整叶片和花序以外，老桩的枝干也是需要定期修剪。枝干会由于各种原因变得错乱不堪，甚至会出现很多废弃的枯枝，这些都会影响植株观赏效果和老桩造型的生长走向。

1. 修剪枯枝

清理完所有花序后，可能会发现花丛下的茎部还有许多枯萎的枝干，此时最好对其进行一次彻底的整理。首先将干枯的枝条从花丛中一一理出。然后用手指捏住枝头，用工具从其末端连接处剪除。修剪过的伤口需要涂抹消毒粉或愈合剂，以防止感染。

·理出枯萎枝干

·将枯萎枝干从分枝处剪断

·伤口涂抹消毒粉

2. 修剪枝干

对于枯萎断裂而又坚硬的枝头，可以使用园艺剪刀将其全部修剪掉。影响整体造型的多余枝条也予以修剪，但是一定多加观察，以免过度修剪。为了避免枝条修剪后在接口处留下结疤，而影响其枝条线条感，可用刀片或者锋利的小刀顺着大枝条表面切除，然后涂上愈合剂，让其愈合便可。被修剪过的枝条在短时间内会生长出许多新的侧芽，整体看上去更加茂盛而有活力。这样的修剪需要依品种及具体情况而定，其修剪目的是为了维持造型，刺激生长。

· 需要修剪枝干的老桩

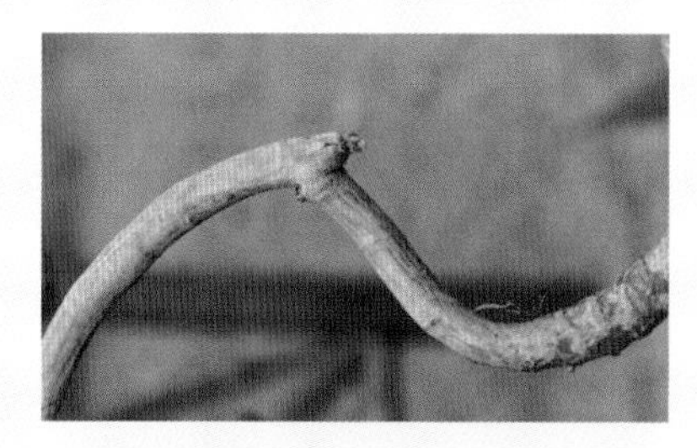

· 修剪过的枝干

· 用剪刀修剪老桩枝干

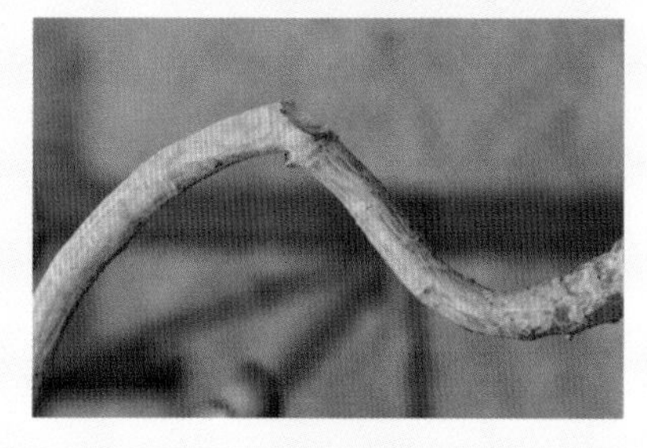

· 用刀片切过的枝干

· 修剪后老桩枝干

· 枝干修剪后萌发新芽

· 修剪完成

五、老桩修剪案例

以悬崖型老桩为例，介绍具体修剪方法。对于生长过于旺盛的健康老桩来说，适当的修剪也是非常有必要的。如图所示，该老桩枝条过长、过多，导致造型层次不清晰及枝条坠地。在整体造型方面，此棵老桩顶部枝条叠层过繁，给人缭乱感；其中部也有许多过于扭曲的枝条，破坏整体线条；而底部则有过长的枝条垂落地面，给人累赘感。

· 需要修剪的悬崖型老桩

修剪时，可以从顶部开始，对纵横交错的枝条进行简单整理，然判断是否需要修剪。用手将叠加在一起的枝条一层一层地剥开，摆放平整。再仔细观察其枝条的老化程度和叶冠朝向。对于已经老化、僵硬和叶冠朝向扭曲的枝条，可以从其交叉末端直接将其摘除。中段对于老桩整体造型来说，是过度区域，最要讲究的是线条流畅感，所以在处理中段部分的时候，可以将过于复杂的枝条进行一定的修剪，保持其流线型。底部，超于花盆高度的枝条会给人一种累赘感，所以应将过长的枝条全部修剪掉。其整理修剪完成后，会给人一种清新的流畅感，展现出其主干婀娜姿态。

・需要修剪的部位

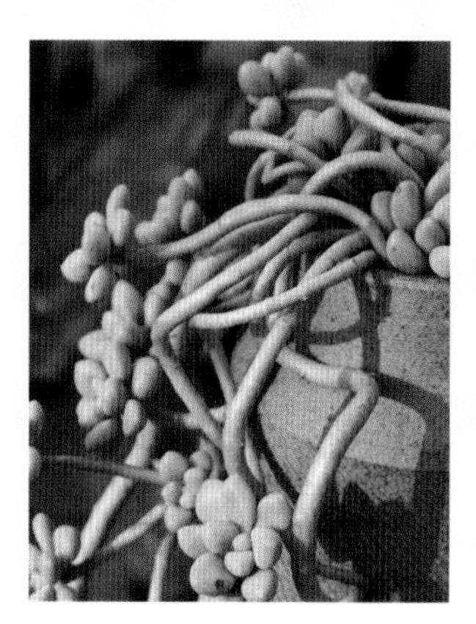

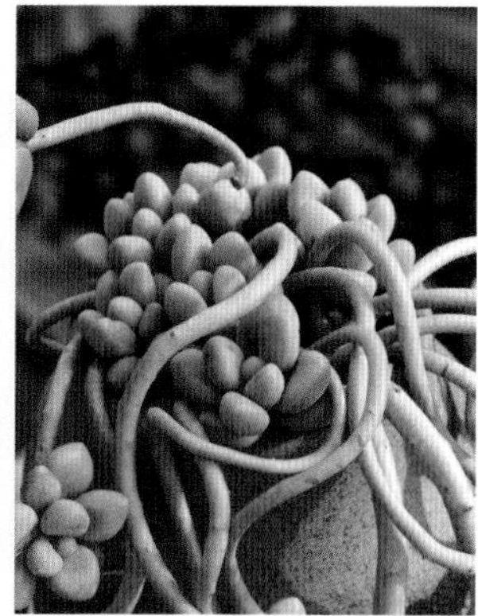

・修剪顶部

· 修剪中段

· 修剪底部

· 修剪后的造型

多肉老桩出彩技艺

一、老桩出彩有学问

1. 老桩的华丽转身

出彩，即上色，也俗称“出状态”，主要指的是叶冠部分褪去生长期的嫩绿色，展现出艳丽动人的色彩。这种色彩自然而又美艳，而且不同品种呈现不同的风貌（这也就是为什么老桩狂热爱好者会越养越多的主要原因）。同时株型和色泽会随着不同的季节发生变化，时而金光灿烂，时而红艳迷人，时而净白如雪！多肉植物出色原理非常复杂，因为它需要植株根部发达，桩部坚韧，整体健康而充满活力，冠部才会展现出色彩。而这些因素都与种植环境的阳光、水分、温度、基质等息息相关。掌握其关键技术，提供植株上色所需要的条件最为重要。老桩上色同老桩塑形一样，是一个缓慢而充满乐趣的过程，需要时间积淀，需要一个一个技艺的实施。

• 鲜艳的老桩（荷花）

· 艳丽的老桩（约瑟琳）

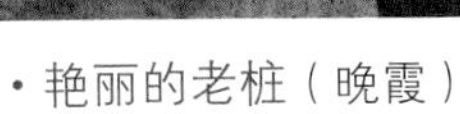

· 艳丽的老桩（晚霞）

· 艳丽的老桩（揣斯提伊）

· 艳丽的老桩（玫瑰女王）

2. 出彩从根开始

多肉植物要上色，最为重要的部位是根系。一个发达的根系有利于吸收养分，可促进冠部生长。拥有良好的根部才会拥有健康的枝干，才能生长出美艳的叶冠。多肉植物最好的根系状态如图所示，砸碎盆器后该株植株的根系完全布满了盆器内壁，我们称之为满根。这样的满根状态需要一个配制良好的基质为基础，也需要一个良好的栽培环境和得当的技术。植株在种植后根部需要经过生长、定根，最后满根等过程。如基质配置不当，则可能导致根系生长不良，所以基质配制是最为重要的。此外，在多肉植物生长过程中，对于环境条件的控制也至关重要。

· 美艳老桩的根系

3. 桩部出彩过程

多肉植物上色彩，第二重要的部位则是桩部。多肉植物的桩部非常特殊，为全肉质结构，所以不同于其他草本植物。其生长阶段性非常明显。桩部的状态也会直接影响叶冠的色彩，所以深入了解桩部上色原理，并做好养护工作，则可让多肉植物上色更理想。初期多肉植物的桩部非常稚嫩，呈粉红色或淡绿色，此时的桩部生长旺盛，再生能力较强，但是不宜过多接受阳光直射，否则会对其表皮造成灼伤，导致枯萎或过早硬化，以致停止生长。正常缓慢生长的多肉植物桩部表皮会逐渐变厚，逐渐呈现出深红色或淡黄色，此时桩部韧性和活力有所减弱，硬度有所提升，为塑形最好的时期。随着岁月的积淀和磨练，最终桩部会越来越坚硬，颜色也会呈现出褐色或深灰色，此时桩部长出了一层皮，具有树木一样的质地，这也就是老桩成型的状态。

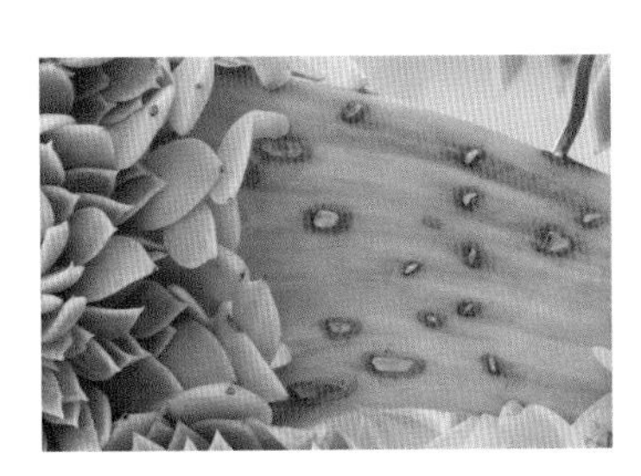

· 稚嫩的桩部

· 艳丽的老桩（绮罗）

· 开始硬化的桩部

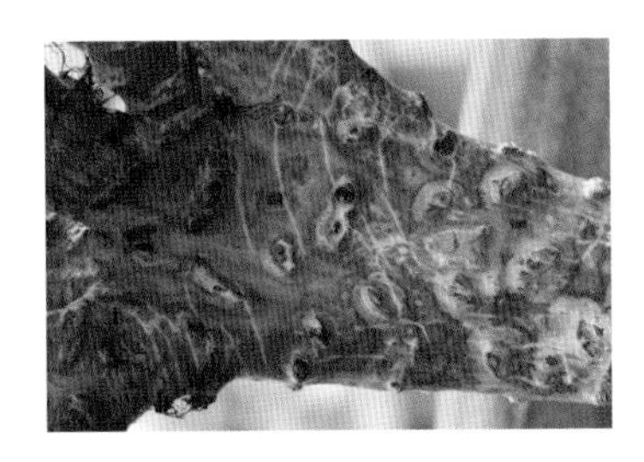

· 定型的桩部

·艳丽的老桩（晚霞）

·稚嫩桩部的叶冠

·逐渐硬化的桩部叶冠

·定形桩部的叶冠

4. 叶冠出彩过程

当桩部发生变化时，冠部才会随之发生变化。如图所示艾丝美拉达，叶冠为嫩桩时，其冠部叶形偏大，颜色偏深绿，表示生长正常；而当桩部逐渐变为红色，有韧性时，叶冠的叶形也随之变得短而紧凑，其颜色会从边缘开始发红，叶心变为淡绿偏黄色；最终当桩部呈现为深褐色，完全硬化后，其冠部的叶形则会与嫩桩状态有天壤之别，整体变为圆润丰满，其叶边颜色转化为鲜红色，叶心变为金黄色，整体呈现果冻一般的质地。这就是由良好的根系生长出健康的桩部，最后展现出的艳丽花冠。

·色彩艳丽的老桩（万圣节）

老桩正常的上色，应该是以良好的根系和健康的桩部为基础塑造而成的。但另外一种极端情况，也会出现上色现象。比如桩部和根系枯萎的时候，叶冠处于濒死状态，此时也会呈现极其动人的艳丽色彩。其实，这种颜色是不正常的，只会出现局部，桩部和根部其实已经坏死。所以当老桩上色过快或上色不均匀的时候，一定注意检查桩部和根部。

· 非正常上色的老桩

二、基质促彩技艺

在原生状况下，正常多肉植物的色泽变化，是因大自然不同季节，阳光、湿度等不同而产生的。人工种植，可以通过创造环境条件，来对它们的颜色进行定向培养，这也是种植多肉植物最有乐趣的一点。而基质就是人工给予多肉植物上色的一个抓手。如图所示，芙蓉雪莲缀化在人工温棚使用普通培基质培育出来的为粉白色；重新配土换盆种植，辅以不同的阳光照射及水分，经过一段时间生长后，它逐渐转变成了淡橙色。如果在配土时使用不同的基质，它则会产生完全不同的上色效果：使用高硬化颗粒基质，并给予较大的水分和适度的阳光，最终可以呈现耀眼的赤红色；而使用高密度基质，并适当控制水分，加强光照，便会变成灿烂的金黄色。基质虽为多肉植物出彩的基础，但是也需要环境其他因素相配合，才可让它们呈现斑斓的色彩。

・未上色的芙蓉雪莲缀化

· 已服盆的芙蓉雪莲缀化

· 高硬化颗粒基质种植出的芙蓉雪莲缀化

· 高密度基质所种植出的芙蓉雪莲缀化

· 色彩艳丽的芙蓉雪莲

三、水分促彩技艺

水分对于多肉植物出色是一个至关重要的因素。对于水分需求较大的品种，或处在服盆过程中的老桩来说，适当的水分与适宜的基质是根系良好生长的基础。在日常养护中，水分管理是很重要的环节：水分过多，会让植物变青翠，难以上色；过少，又会导致干旱枯萎。因此，老桩在上色过程中，水分管理十分重要。

· 种植初期的草莓冰色彩

在服盆阶段，放置散射光环境中，盆腔内的湿度可以控制在 80% 左右。待老桩叶冠展开，根部开始长出新须根时（7~15 日），可以开始将湿度缓慢地降低，降低的程度需要根据气温来决定。例如，在春秋生长季，温度 25℃左右或稍低些，湿度可以降低至 60%~70%；在夏冬休眠季，温度高于 30℃或低于 5℃时，可以将湿度降低至 50% 以下（不同品种而异，有的可以更低）。湿度测量可以使用水分检测仪。

• 服盆期的草莓冰色彩

度过服盆期后，拥有一定根系基础的老桩可以提供直射阳光，老桩会缓慢呈现品种特质颜色。此时如果处于休眠季节，湿度则继续控制低于 50%；如果在生长季，则依据阳光的强度来对湿度进行调节：阳光直射时间达 4~5 小时，湿度则控制在 60% 左右；光照时间 6~8 小时，甚至 8 小时以上，湿度则需要相对地提高至 70% 左右。如果光照过强，水分过低，老桩容易枯萎而死。

• 服盆后的草莓冰色彩

随着时间的推移，老桩的茎部逐渐硬化，叶冠逐渐变得饱满，整体色彩开始变得明亮鲜艳，此时老桩进入定形期，处于一个非常稳定的状况。在这时期，水分方面不仅要讲究盆腔内的湿度，还要讲究环境湿度，也就是叶冠和桩部的湿度都需要有一个良好的调控，尤其是休眠季节。空气如果过于干燥，可以喷洒雾化水在叶冠及桩部上。但是如果温度过高、湿度过大，则需要安置抽湿机或加大通风来降低湿度，防止细菌滋生。

浇水的方式和间隔时间，需要根据所配制基质的透气性来决定。采用颗粒较多、透气性较强的高硬化颗粒基质和粉化颗粒基质的，可以使用喷灌的浇水方式，浇 1~3 分钟，并且要缩短浇水间隔时间；采用不易浇透的高密度基质的，需要浇水 3 分钟以上，或采用浸盆的方法，并且延长浇水间隔时间。总之，不管使用什么方式，只要能将内腔的湿度保持在一个适宜的范围内，根系便会生长良好。

・进入定形期的草莓冰色彩

进入最终的定形期后，老桩的叶冠开始变得额外艳丽，其品种特质颜色也会展示得淋漓尽致，季节性变色的特性也会变得不明显，同时生长和代谢也会变得缓慢。此时对于湿度的调节（不管是环境还是盆腔内的），都需要依照之前的方法进行。

· 定形后的草莓冰色彩

为了验证水分管理是否到位，可以凿开盆器观察。如果老桩根系有力地包裹着基质，说明盆腔湿度控制得好。

· 凿开盆后，可见草莓冰根系生长良好

四、温度促彩技艺

温度对于多肉植物的色彩也具有一定影响。例如，部分可以呈现多种颜色的品种，会因为不同季节的阳光和温度的差别，而变化出不同的色彩。如图所示，桃美人初期在人工温棚中，桩部为嫩绿色，叶冠为淡蓝色；而在脱离温棚后加强光照（适应期为 5~8 小时，缓慢地增加自然阳光），并在适宜的温度（15~25℃）生长一段时间后，随着桩部的硬化成形，其透光色彩会缓慢转变为淡紫色。保持光照，季节转变为冬季时，经过较低温（约 10℃）一段时间后，其叶冠会呈现桃粉色；等到春季，气温回暖，叶冠颜色又会随着温度变化而转变为橙黄色。这种随季节转变颜色的特性，在多肉植物品种中颇为常见。随着老桩岁月的积淀，这种迹象也会逐渐褪去，而颜色最终也可能会呈现渐变的效果。

· 种植初期的桃美人色彩

• 增强光照（适温）后的桃美人色彩

· 冬季低温时桃美人色彩

·春季回暖后桃美人色彩

·定形后的桃美人色彩

多肉老桩日常形色养护

一、美丽需要养护

老桩日常的养护，不但与老桩的健康有关，与老桩的塑形出彩也有很大关系。

· 养护良好的老桩

老桩日常的养护包括浇水、老桩保洁、基质与肥料补充等。老桩不同于批量繁育的温室小苗，其养护必须因盆而定，而不是盲目地统一操作。因为每个品种的生长习性和每棵老桩的生长状况都不一样，所以需要采取个性化的养护措施。

·老桩养护，不可搞一刀切

二、老桩浇水

· 浇水得当的老桩

水分不管对于老桩的生长，还是塑形出色，都是一个非常重要的因素。对于老桩来说，完全依靠雨水是远远不够的，人工补给水分是不可缺少的。特别要注意：有些盆器盆口过小，盛水有限；有些基质密度过高，雨水很难渗透。

不同品种对于水分的需求不同，所以在进行水分管理之前需要先了解品种特性。老桩的水分管理不同于其他生长阶段的多肉植物，需要谨慎。水分过多，老桩叶冠会生长过快，导致枝条断裂或下垂而破坏造型；水分过少，容易导致老桩营养不良而枯萎，甚至死亡。对于老桩的来说，水分只要保持适度就可以了。

· 水分管理良好的老桩

老桩最常用的浇水方法为喷洒，即类似雨淋，用花洒或喷头由上至下喷洒，喷洒时间可以根据基质特性来决定。例如：采用高密度基质（不易浇透，但保水性强），喷洒时间需要长一点，一般在3分钟以上，具体根据种植环境条件而定，浇水间隔时间可以长些；采用高硬化和粉化颗粒基质，密度较低（容易浇透，但保水性较差），喷洒时间可以短一点，通常1~3分钟即可，但浇水间隔时间要短一些。对于特殊盆器，如浇水不方便，或浇水不透，可用浸盆的方法。

• 浸盆浇水

在多肉植物生长季节（8~25℃）浇水，可以连同叶冠和枝条一起淋洒。但是在休眠或生长缓慢的季节浇水时，就要避开叶冠和枝条，只给盆内少量的水分。在温度高于 40℃或低于 5℃时则可以完全不浇水，迫使植物进入休眠，以安全度过危险期，但是时间不宜太长。

· 多肉植物生长季节浇水，可“当头”浇

· 多肉植物休眠期浇水须避开植株

· 极高温或极低温天气须停止浇水

三、老桩保洁

老桩在生长过程中出现的败叶枯根，会影响老桩造型美观，必须定期予以清理。

· 需要清理的老桩

1. 气根

老桩在生长过程中受到外界环境条件影响，容易生成气根。这些暴露在外，无法扎入基质的根系没有用处，在主根生长良好之后往往自然枯萎。枯萎的气根堆积在桩部，容易感染病菌或招来害虫，因此在气根枯萎之后可使用小钳子、镊子等工具予以清理。枯萎的气根像毛发一样一拔便掉。在清理时一定要注意不要伤及老桩的表皮，不然容易造成桩部感染。

·气根需要清理

·用小钳子清理

·清理下来的气根

2. 枯叶

除了气根以外，已经完全枯萎、掉落在缝隙处的枯叶也需要及时清理。这些枯叶堆积过多，会影响透气性，也容易导致病菌感染（夏季更为严重）。

·清理老桩枯叶

四、基质、肥料补充

1. 基质补充

老桩在种植一段时间后，根部完全包住基质，容易造成基质收缩，以致盆壁间出现缝隙，此时需要补充基质；否则，根系长期暴露在空气中，容易导致枯萎或坏死。

· 填充基质

2. 肥料补充

对于盆栽的老桩来说，在有限的空间中养分会不断地被吸收消耗，所以定期补充肥料才可以让老桩健康生长。

· 补充肥料

小型盆栽老桩，建议补充较为稳定的缓释性肥料，而中大型的老桩则可以依据情况补充商品有机肥或人工发酵有机肥。补肥的周期则需要依据植物的特性来定，正常在生长季前补，休眠期则停止补充。

· 补充肥料

3. 铺面石补充

补充完基质和肥料后，铺面石也要填补，这样可以防止基质和肥料再次流失，同时也能让老桩看上去更加美观整洁。

· 填充铺面石

五、桩部养护

时间久了，桩部可能表面变得枯干。一些品种的老桩在过度日晒或过于干燥之后会出现开裂现象。此时用简单的浇水方法是无法解决问题的，因为其表皮组织已经受损。最简单的方法是取多肉的叶片汁液涂抹，多肉汁液对植物组织有非常好的修复作用。具体操作方法是: 摘取一片新鲜叶片，将其掰开，轻轻一挤，压出汁液。然后将汁液涂抹在老桩枝条上，反复操作多次（持续涂抹 5 分钟左右）。未使用完的叶片可以用保鲜膜封住放入冰箱储存，以备下次使用。

· 干燥的桩部表皮

· 摘取一片叶片

· 将叶片掰断

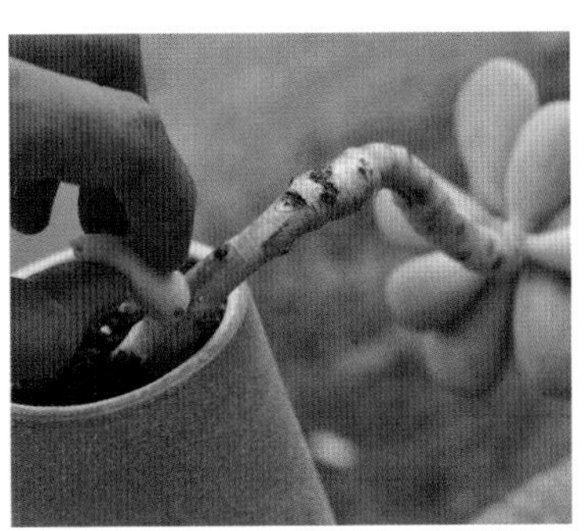

· 用断面汁液涂抹桩部

六、翻盆

盆器空间对于老桩来说是有限的，尽管我们可以通过补充肥料来解决其养分问题，但是终有一天旧盆器已无法满足老桩的生长需要，这时就要对其进行翻盆。

·需要翻盆的老桩

1. 取出老桩

对于根系已经满盆的老桩来说，取出根系是非常困难的一件事情。因为发达的根系已然和盆器连为一体了，所以在取出老桩之前先要松根。操作方法是：使用平滑的不尖锐的工具，缓慢地由盆器边缘向老桩茎部将基质拨松。在操作过程中一定要非常小心。

·脱盆前松土

· 取出老桩

基质彻底松动后，用双手拖住主桩底部，取出老桩。如果老桩过大，建议多人一起操作，以免老桩枝条断裂。如果老桩根系过大，无法取出，只好打破盆器取出。

2. 植株清理

取出老桩后，用刷子进行清理。然后修剪掉部分须根，以利它更好地适应新的盆器和基质。此时也是对老桩进行一次彻底清理的大好时机，清理去枯叶残枝，同时也可以整理杂乱的枝条，让其造型更加美观。对修剪伤口需要予以消毒，并阴晾 2~5 日。

· 清理根系

· 修剪去部分须根

· 清理老桩

· 晾晒老桩

3. 上盆

选择新的盆器时，可以根据品种生长特性预留足够的生长空间。按前述方法种植老桩。重新种植后，老桩会在短时间内出现明显的褪色和个别叶片枯萎现象，这些都是正常的新陈代谢现象。这意味着它又一次开始新的生命旅程。它们在适应新的盆器和基质后，便会又一次蜕变出迷人造型和动人的色彩。

· 挑选新的盆器

· 重新种植老桩

· 老桩服盆

· 老桩再次蜕变

七、老桩四季养护

多肉植物的上色是各种因素综合作用的结果。同样，老桩形色养护也需要注意多因素调控，才能达到目的。一年中不同季节，其光照、湿度等环境条件不同，必须根据不同季节，采取不同的管理措施，以进一步美化或维护造型和色彩，保持良好的观赏效果。

· 良好环境种出的老桩（莱恩小精灵）

·春季加强光照（格内玛）

春季雨多，空气湿度较大，气温适中，此时需要尽可能加大光照，不然容易导致老桩徒长、褪色，甚至感染病菌。当自然环境无法提供足够的阳光时（例如朝北的阳台），则可以降低盆内湿度，并予以人工补光。

夏季阳光较强烈，空气湿度不稳定。温度较高的时候，要加强空气流动，防止老桩因为长期处于高温、闷热或干热的环境，导致枯萎死亡。如环境通风不良（例如半封闭阳台、玻璃阳光房等），则需要使用风扇、空调等来加强通风，降低温度，并减少浇水次数，甚至不浇水，迫使老桩进入休眠状态，从而保持健康和美观。

·夏季阳光强烈（晚霞）

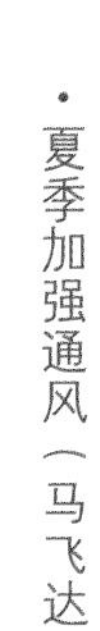

·夏季加强通风（马飞达）

• 进入秋季老桩开始苏醒（安娜玫瑰）

进入秋季后，昼夜温差较大，空气湿度逐渐稳定，阳光也会逐渐减弱。在这个季节，几乎所有的多肉植物都开始生长。此时一定要把控好浇水，逐渐增加盆内湿度，让处于休眠或半休眠的老桩缓慢苏醒，为绽放最艳丽的色彩做好准备。

• 秋季可以适当多浇水（冰梅）

• 冬季减少浇水（三色堇）

冬季为全年温度最低的时候，阳光较弱。此时要降低盆内湿度。温度越低，湿度越要低。通风也可以适当地减弱。此时期注意防止老桩因为温度过低而冻伤，或因为缺少阳光而徒长。

· 健康的老桩（绮罗）

多肉植物呈现其品种所固有的独有色彩，说明它们生长良好。如果完全丧失颜色（整体灰暗无光泽），或颜色过于艳丽（完全丧失绿色），都有可能是多肉植物出现问题了。

四季环境条件调控的基本原则是：温度过高（高于28℃），降低湿度，减少光照，加强通风，避免湿、热、闷；反之，温度过低（低于5℃），则减弱通风，加强光照，降低湿度，避免湿、冷、阴。

春秋是温度较为适宜的季节，空气湿度较大时就加大阳光强度，加大通风，避免阴、闷；空气湿度较低时，则加大浇水量和次数，适当减弱通风，避免燥、裂等情况发生。

不管四季如何转变，只要掌握以上原则，采取适宜的上色措施，就能让老桩呈现理想色彩。

· 出色前的老桩（登天乐）

· 出色后的老桩（登天乐）